Control de la Potencia Reactiva

Rafael Barreto Garcia

CONTROL DE LA POTENCIA REACTIVA

1. Conceptos básicos
2. Resistencia y reactancia
3. Efecto de un capacitor en un alimentador de corriente alterna (CA)
1. Componentes activa y reactiva de la corriente

2. Caida de voltaje

3. Pérdidas

4. Factor de Potencia

4. Influencia de los capacitores en la carga

1. Elevación de voltaje

2. Influencia de los capacitores en la carga

5. Dispositivos que demandan potencia reactiva

4.3. Dispositivos de inducción

5.1.1 Demanda de potencia reactiva en los motores de inducción

5.1.2 Demanda de potencia reactiva en los transformadores

5.1.3 Relación entre la corriente primaria y secundaria en un transformador

6. Compensación de la potencia reactiva demandada por un motor

6.1 Compensación colectiva de la potencia reactiva

6.2 Compensación individual de la potencia reactiva

7. Capacitores en las redes de alto voltaje

7.1 Capacitores en los alimentadores

7.2 Capacitores en las subestaciones

7.3 La línea de alta tensión como un capacitor

8 Medición de la potencia reactiva

PROLOGO

El tiempo y la estructura de los planes de estudio se limita, por razones obvias, a cubrir la teoría y los aspectos básicos de cualquier estudio de ingeniería. Los detalles y los aspectos prácticos en los diferentes campos se adquieren sobre la marcha, según se le presenten al ingeniero recién graduado. Control de la Potencia Reactiva trata brevemente los distintos aspectos de la generación, demanda y control de la potencia reactiva demandada por los consumidores de energía eléctrica en un área productiva específica.

La potencia reactiva es indeseable, pero al mismo tiempo es un elemento necesario en el uso de la energía eléctrica en el mundo moderno. Motores de inducción, transformadores, hornos de inducción, balastros de luz fluorescente necesitan la potencia reactiva para trabajar para nosotros y producir trabajo útil.

Aunque la potencia reactiva no puede eliminarse totalmente, puede ser controlada y reducida para hacer más eficiente el uso y transporte de la energía eléctrica para los consumidores y para la empresa utilitaria de suministro eléctrico.

Estamos seguros de que este material será de utilidad, tanto para estudiantes de electricidad, como a ingenieros recién graduados en este campo.

4. CONCEPTOS BASICOS

Qué es la potencia reactiva y cómo se controla?

Potencia reactiva es la potencia que necesitan los dispositivos de inducción para mantener los campos magnéticos necesarios para su operación.

La electricidad producida por los generadores es un onda sinusoidal de varía 60 veces por Segundo en los Estados Unidos y en los paises donde se utiliza el sistema de generación y distribución Americano. En Europa y algunos paises de Latinoamérica esta onda varía 50 veces por segundo. La variación de esta onda se conoce como la *frecuencia* de la onda y su unidad es el *Hertz*. En Estados Unidos y otros paises de Latinoamérica se utiliza el *ciclo* también como unidad de frecuencia.

Nuestro análisis asume que la onda generada en *sinusoidal.* Si el voltaje generado pierde su forma sinusoidal, muchas relaciones en el campo de la electricidad dejan de ser válidas y se requieren otros métodos de análisis, como por ejemplo la aplicación de armónicos. En este estudio suponemos que las ondas de corriente y voltaje con que estamos tratando son perfectamente sinusoidales, lo que es aceptable en la inmensa mayoría de los casos en el campo de la generación, distribución y uso de la energía eléctrica.

Para hacer este material práctico comenzaremos por repasar y aclarar los conceptos básicos que tienen que ver con la corriente alterna. Nos adentraremos solamente lo que consideremos necesario para aclarar los conceptos de potencia active y reactiva en los sistemas eléctricos.

El generador del planta generadora produce un *voltaje alterno* inducido en los enrollados en el núcleo del generador. Este voltaje alterno hace circular una *corriente* también *alterna* cuando se aplica carga a la red de distribución. Podemos encontrar sistemas de distribución de corriente *directa (CD),* generada por generadores de corriente directa, rectificadores o bancos de baterías. Utilizaremos el término red de *corriente alterna* (AC) para denominar la red por donde circula corriente alterna y *red de corriente directa* para denominar la red por donde circula corriente directa (CD).

Para llegar a los consumidores la corriente alterna debe circular a través de conductores, *extendidos* o *enrollados* en bobinas. Los conductores en la red de distribución son *extendidos* y los de los transformadores, generadores y motores son *enrollados*.

Tanto los conductores extendidos o rectos, como lo enrollados, muestran como una *oposición* al paso de la corriente alterna. Esta oposición se llama *reactancia*. La oposición al paso de la corriente alterna en los conductores, sean rectos o enrollados, se llama *reactancia inductiva*. De la misma forma, la oposición al paso de la corriente alterna en un capacitor se llama *reactancia capacitiva*. El término *condensador* se emplea más bien en el campo de la electrónica. Nos referiremos a los condensadores empleados en el campo de la generación, transmisión y distribución de energía eléctrica como *capacitores*.

El papel de los capacitores en el campo de la energética es diferente al papel que juegan los condensadores en el campo de la electrónica. Los capacitores empleados en el campo de la energética son fabricados para soportar alto voltaje o alta corriente. Los capacitores de bajo voltaje empleados en la industria se fabrican para soportar corriente relativamente alta a bajo voltaje. Los capacitores empleados en las redes de alta tensión son más voluminosos se deben aislarse para soportar alta tensión y baja corriente.

Para un mejor análisis del comportamiento de la corriente alterna representaremos la onda sinusoidal como un *vector*, que es un elemento que está asociado a una *magnitud modular* y una *posición* en el espacio. Tomemos, por ejemplo, una fuerza actuando sobre una mesa. Si se aplica la fuerza horizontalmente, la mesa se moverá a lo largo del piso dependiendo de la fricción. Si aplicamos la misma fuerza a la mesa horizontalmente, la mesa será levantada del suelo.

La magnitud de la fuerza en libras I kilogramos o cualquier otra unidad es el *módulo* o valor absoluto de la fuerza, la dirección del movimiento de la mesa depende del *ángulo* con que se aplica la fuerza. En este caso no basta con dar la magnitud de la fuerza, hay que definir en qué dirección está actuando la fuerza.

La figura 1.1ª muestra el efecto de la fuerza actuando paralelamente al suelo, figura 1.1b muestra el movimiento de la mesa cuando la fuerza se aplica verticalmente.

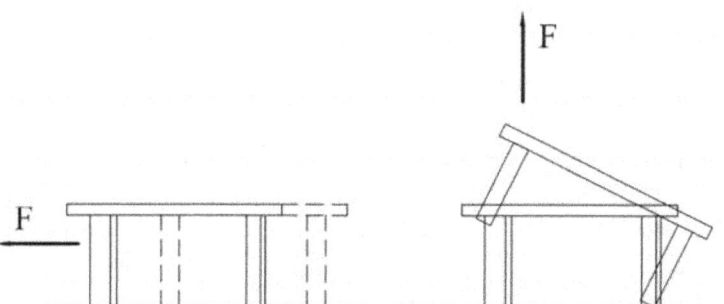

Fig 1.1ª – 1.1b. Efecto de una fuerza F actuando en diferentes direcciones sobre una mesa.

En el caso de las magnitudes de la corriente alterna, hay que definir el valor modular y la dirección o ángulo de la magnitud.

La figura 1.2 muestra cómo podemos transferir los valores de voltaje y corriente de la onda original a un círculo trigonométrico para su representación vectorial. Note que el valor modular del vector voltaje es el mismo en el círculo trigonométrico, mientras que el ángulo varía a lo largo de la onda sinusoidal. Igual que en la onda, el valor del voltaje en cualquier instante será la distancia desde el círculo hasta el eje X en el círculo.

El efecto de la variación del voltaje en el círculo es como si el vector voltaje *rotara* en dirección contraria a las manecillas del reloj a medida que el valor del voltaje varía a lo largo de la onda.

Si agregamos una segunda onda de voltaje con la misma frecuencia pero con un ángulo de diferencia entre ellos, dependiendo de la posición de las ondas. Esta diferencia angular en las ondas se refleja también en el círculo trigonométrico. En este caso las dos ondas rotarán a la misma frecuencia, pero manteniendo el mismo ángulo entre ellos.

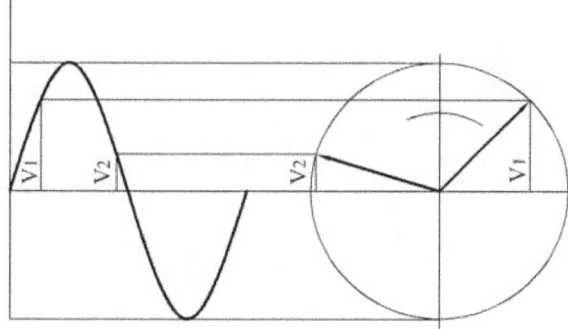

Fig 1.2 Representación gráfica de una onda sinusoidal en un círculo trigonométrico.

2. RESISTENCIA Y REACTANCIA

Mencionamos anteriormente el término reactancia (inductiva y capacitiva) en la red de corriente alterna. Además de *reactancia*, tenemos la *resistencia* de los conductores a lo largo de los cuales circula la corriente alterna. La reactancia aparece debido a la imposibilidad de cambio instantáneo de estado en un conductor por el que circula corriente alterna. La oposición que presenta un conductor al paso de una corriente alterna, sea recto o bobinado, se llama *reactancia inductiva*. La oposición de un capacitor al paso de la corriente alterna se llama *reactancia capacitiva* en los circuitos de corriente alterna.

La combinación de resistencia y reactancia compone la *impedancia*, que incluye el efecto combinado de resistencia y reactancia. La impedancia NO es la suma aritmética de la resistencia y la reactancia, inductiva o capacitiva, sino la suma vectorial de los dos elementos.

Los componentes de resistencia y reactancia se colocan formando un triángulo rectángulo. Los lados del triángulo son la resistencia y la reactancia, la hipotenusa será la impedancia.

Se acostumbra a colocar la reactancia inductiva en el lado negativo del eje de la Y en un eje de coordenadas. La resistencia se coloca en el eje de las X. La reactancia capacitiva se coloca en el lado positivo del eje de las Y.

La figura 2.1ª y 2.1b muestra cómo se colocan los términos resistencia, reactancia e impedancia en un eje de coordenadas.

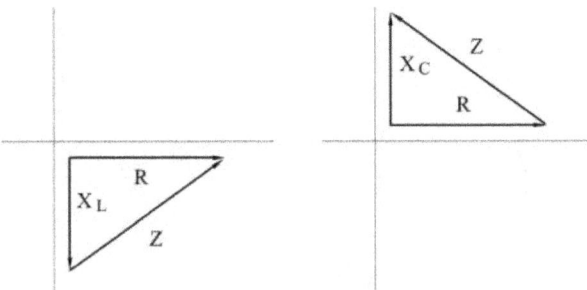

Fig 2.1ª -2.1b Relación vectorial entre resistencia, reactancia inductiva, reactancia capacitiva

e impedancia.

La reactancia inductiva se opone a la reactancia capacitiva en el eje de las Y, como se muestra en la fig 2.1ª and 2.1b.

$$Z^2 = R^2 + X_L^2 \quad Z^2 = R^2 + X_C^2$$

El capacitor solo es como una carga para el sistema, sin embargo, combinado en un circuito que tiene reactancia inductiva tiene la propiedad de modificar la corriente que circula por el circuito, como veremos mas adelante.

Cómo puede producir trabajo una corriente cuyo valor varía en el tiempo?

Supongamos que tenemos una resistencia conectada a una fuente de corriente directa. La cantidad de calor generada será proporcional al cuadrado de la corriente y el tiempo que circula.

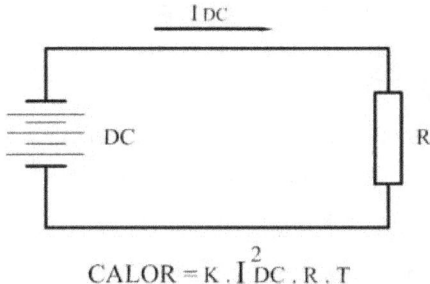

$$CALOR = K \cdot I_{DC}^2 \cdot R \cdot T$$

Fig. 2.3 Generación de calor producida por corriente directa en una resistencia

Ahora conectemos la misma resistencia a una fuente de corriente alterna, como muestra la figura 2.4.

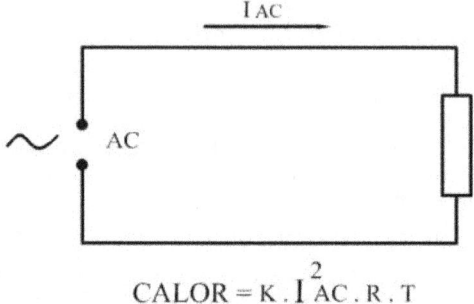

$$CALOR = K \cdot I_{AC}^2 \cdot R \cdot T$$

Fig 2.4 Generación de calor en una resistencia producida por una corriente alterna

Cuando la cantidad de calor generada por la circulación de corriente directa es igual al generado por la corriente alterna, decimos que el valor de la corriente directa es igual al valor *efectivo* de la corriente alterna.

Según varía la corriente alterna, así lo hace el calor generado. Para obtener el valor real del calor generado tenemos que integrar el valor de la corriente al cuadrado según varía la corriente. De esta forma obtenemos la siguiente relación:

$I_{eff}^2 \cdot R \cdot T = \Sigma (I_1^2 \cdot R \cdot \Delta t_1 + I_2^2 \cdot R \cdot \Delta t_2 + \ldots + I_n^2 \cdot R \cdot \Delta t_n)$ (2.1)

Tomando intervalos de tiempo más pequeños tenemos

$I_{eff}^2 \cdot R \cdot T = \Sigma (I_1^2 \cdot R \cdot dt_1 + I_2^2 \cdot R \cdot dt_2 + \ldots + I_n^2 \cdot R \cdot dt_n)$ (2.2)

Integrando esta relación obtenemos

$I_{eff}^2 \cdot R \cdot T = R \cdot \int f(I)^2 \cdot dt$ (2.3)

$I_{eff} = \sqrt{1/T (\int f(I)^2 \cdot dt)}$ (2.4)

Esta relación representa el valor efectivo de la onda, independientemente del tipo de onda, se llama también el *valor medio cuadrático* de la onda. Un multímetro que sea capaz de leer el valor medio cuadrático de la onda está en realidad leyendo el valor *efectivo* de la misma, independientemente de la forma de onda.

De la misma forma, si utilizamos un motor de corriente directa y otro de corriente alterna para mover la misma carga, el valor de la corriente tomada por el motor de corriente directa será igual al valor efectivo de la corriente tomada por el motor de corriente alterna.

3. EFECTO DE LOS CAPACITORES EN UN ALIMENTADOR DE CORRIENTE ALTERNA

Debido a que la reactancia, inductiva o capacitiva, crea una oposición a la circulación de corriente alterna habrá una *diferencia* angular entre la onda del voltaje y la corriente en el alimentador. Si la corriente está circulando a través de un dispositivo inductivo, la corriente rotará *detrás* del voltaje cuando las dos ondas se representan por vectores que rotan. Aunque los dos vectores están rotando, el ángulo entre ellos se mantiene mientras se mantenga la diferencia angular entre las dos ondas determinada por la relación resistencia/reactancia. En la figura 1.1 vimos cómo se representa una onda por un vector. La variación del voltaje y/o la corriente se refleja en el círculo trigonométrico.

Si agregamos una onda de corriente y procedemos de la misma forma, podemos transportar la onda al círculo trigonométrico y obtendremos un vector que representa la onda de corriente en el mismo círculo y se comporta igual que la onda de voltaje. Según ambos vectores rotan, el ángulo entre ellos se mantiene mientras se mantengan las mismas condiciones en el alimentador.

La figura 3.1 muestra la representación de una onda de voltaje y una onda de corriente *inductiva*. Note que la corriente *comienza* en cero cuando el voltaje ya está en su máximo valor, de esta manera el vector corriente rota *detrás* del vector voltaje. Al transportar la corriente y el voltaje en el punto A al círculo trigonométrico obtenemos una diferencia angular de 90^0 entre ambos, rotando la corriente *detrás* del voltaje en un movimiento en contra de las manecillas del reloj.

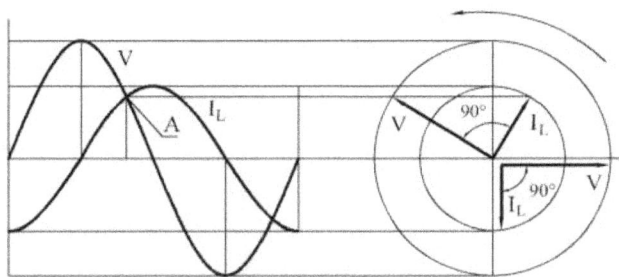

Fig 3.1 Representación de una onda de voltaje y otra de corriente inductiva.

Note que cuando la corriente está creciendo, el voltaje el voltaje está disminuyendo hacia cero al llegar al punto A.

La figura 3.2 muestra una onda de voltaje y otra de corriente capacitiva. Note que la corriente está en su máximo valor cuando el voltaje está comenzando. Al transferirlas al círculo trigonométrico el efecto será como si el voltaje rotara detrás de la corriente.

Si la corriente es inductiva estará *demorada* y rotará *detrás* del voltaje, si es capacitiva estará *adelantada* y rotará d*elante* del voltaje como se muestra en la figura 3.2.

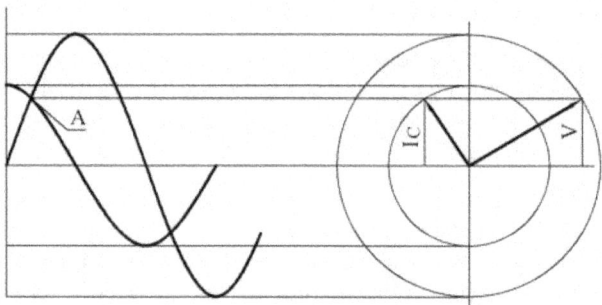

Fig 3.2 Representación de un voltaje y una onda de corriente capacitiva en el círculo trigonométrico

Tanto en el caso de corriente inductiva, como capacitiva, el ángulo en el círculo trigonométrico se mantiene mientras se mantenga la posición relativa de las ondas. Si esto es así, entonces es válido detener la rotación de los vectores para estudiar su interacción.

La figura 3.3 muestra una onda de voltaje, una de corriente inductiva y otra de corriente capacitiva en el mismo gráfico.

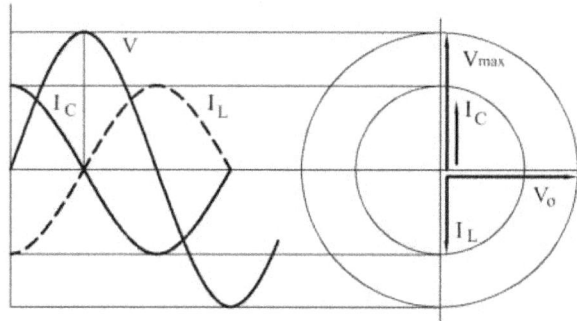

Figura 3.3 Representación gráfica de voltaje, corriente inductiva y corriente capacitiva.

Como la corriente inductiva está atrasada y la capacitiva está adelantada el mismo ángulo, las dos ondas están en *oposición*, por tanto, estarán en oposición también en el círculo trigonométrico. Como el círculo trigonométrico es el reflejo de la onda sinusoidal, podemos dibujar el vector de la componente capacitiva *en la misma dirección*, pero en sentido *contrario* a la componente inductiva como se muestra en la figura 3.3.

Si la componente capacitiva es igual a la inductiva, la componente reactiva será igual a *cero*. Este es el papel fundamental que juegan los capacitores en las redes de distribución de corriente alterna. Al oponerse la corriente capacitiva a la inductiva se reduce la magnitud de la componente inductiva y se reduce la corriente total circulando por los alimentadores. Esto produce una reducción en caída de voltaje y pérdidas.

3.1. Componentes activo y reactivo de la corriente.

Hemos hablado de la componente reactiva de la corriente. Hablemos ahora de la componente activa, que es tan importante como la reactiva, pues esta componente es la que realiza trabajo útil. En un alimentador aparecen generalmente las componentes activa y reactiva. Generalmente la componente reactiva será mayormente inductiva, si no hay capacitores u otra fuente de potencia capacitiva. Vimos como la componente reactiva, inductiva o capacitiva, se coloca a 90^0 con respecto al vector voltaje. La componente activa estará la misma dirección y sentido del voltaje, como muestra la figura 3.1.1 En esta figura se muestran la componente inductiva (I_Q), capacitiva (I_C), y la componente activa (I_W). En el lenguaje eléctrico Cuando dos o más vectores están colocados en la misma dirección y sentido se dice que están *en fase*.

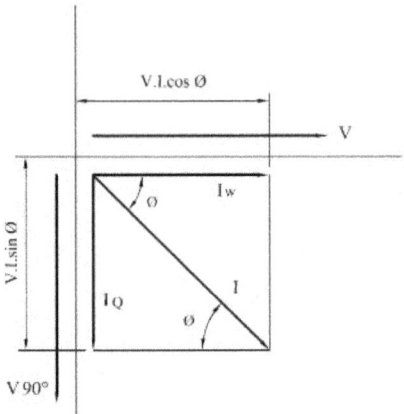

Fig 3.1.1 Componentes activa y reactiva de la corriente

La componente activa I_W es la que realiza trabajo y solo la carga tiene influencia sobre ella. Esta es la componente que registra el medidor de energía o contador de energía eléctrica. La corriente total que la fuente de energía, sea local o sea una empresa de suministro de distribución de energía eléctrica debe suministrar. La instalación debe diseñarse para garantizar el suministro de la corriente total I_1 en la figura, sin embargo, la tarifa de empresa de suministro solo contempla el trabajo realizado por I_W. Es por esto que es de interés mantener la componente reactiva en un nivel adecuado. La reducción de la corriente total mediante la reducción de la componente reactiva reduce la caída de voltaje, las perdidas y libera capacidad para incrementar carga con poca o ninguna inversión adicional.

3.2. Caída de voltaje

En los sistemas de corriente alterna el ángulo entre la corriente y el voltaje introduce las componentes activa y reactiva. La caída de voltaje tendrá también dos componentes: un componente *resistivo*, colocado a los largo de la corriente y otro *inductivo*, colocado a 90^0 de manera que la caída de voltaje será también un vector.

La figura 3.2.1 muestra los componentes aproximados de la caída de voltaje en un alimentador $V_1.I\cos\phi$ y $V_1.I.\sen\phi$

V_1 es el voltaje al principio del alimentador y V_2 es el voltaje al final, después de sustraer la caída de voltaje. A pesar de que la caída de voltaje es un vector, lo que cuenta es el la diferencia del valor absoluto entre el valor modular de ambos voltajes.

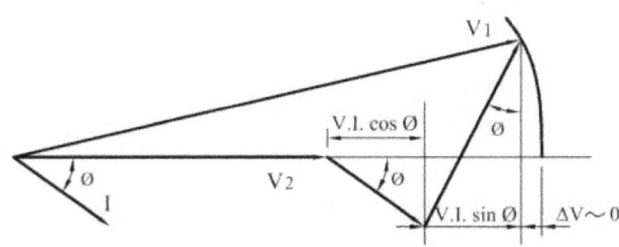

Fig 3.2.1 Componentes de la caída de voltaje

Suponiendo ΔV = 0, lo que es una aproximación suficientemente buena desde el punto de vista de la ingeniería, podemos decir que la caída de voltaje aproximada será

$\Delta V = V_1 . I . \cos \phi + V_1 . \sin \phi$ (3.3)

Note que habrá un ángulo entre el voltaje V_1 al principio del alimentador y el voltaje V_2 al final. Sin embargo, la caída de voltaje se refiere solamente a la diferencia del valor modular de ambos voltajes. Lo importante es la diferencia en lectura de dos voltímetros, uno colocado al principio del alimentador y otro al final.

3.3. Pérdidas

De acuerdo a la ley de Ohm, la pérdida de potencia es igual al cuadrado de la corriente multiplicado por la resistencia. En el caso de la corriente alterna multiplicamos el cuadrado del valor efectivo de la corriente.

Si multiplicamos la potencia perdida por el tiempo que esta es efectiva, obtendremos energía. La unidad usual para la energía eléctrica es el kilowatt-hora. En algunos países se utiliza el Joule como unidad de energía en el Sistema Internacional de Unidades.

Perdida = $I^2 . R$ (3.4)

En los sistemas de corriente directa la magnitud de la corriente puede ser alterada solamente variando la carga. En el caso de la corriente alterna la magnitud de la corriente puede alterarse modificando la componente reactiva de la corriente. Refiriéndonos a (3.4),

Pérdida$_1$ = I_1^2.R (3.5)

Pérdida$_2$ = I_2^2.R (3.6)

Debido a la relación cuadrática de la corriente, si hacemos

I_2 = (1/2).I_1

entonces obtenemos

Pérdida$_2$/Pérdida$_1$ = $(I_1/2)^2$.R/I_1^2.R = ¼ (3.7)

Es decir, que reduciendo la corriente a la mitad reducimos la pérdida a la *cuarta* parte del valor original.

3.4. Factor de Potencia

El *factor de potencia* (fp) se define como el *coseno* del ángulo entre la corriente y el voltaje en un alimentador de corriente alterna.

Refiriéndonos a la figura 3.1.1 vemos que I_W = I.cos ϕ por tanto, la relación entre la componente efectiva y la componente total de la corriente

I_W/I = cos ϕ que es el factor de potencia. Como el valor del coseno no puede ser mayor que 1.0, este es la máxima compensación que puede lograrse. En este caso I = I_W.

La corrección o mejoramiento del factor de potencia significa reducir el ángulo entre voltaje y corriente para acercar la corriente total o aparente al valor efectivo I_W de la corriente. Al reducir la componente reactiva de la corriente disminuye el valor aparente de la corriente y se acerca al valor de la corriente efectiva.

El producto de la componente activa y el voltaje será la *potencia activa*, el producto de la componente reactiva y el voltaje será la *potencia reactiva* y el producto del voltaje y la corriente total será la *potencia aparente*. Usualmente la unidad de potencia activa es el *watt*, la unidad de la potencia reactiva inductiva es el *VAR* (*volt-ampre reactivo*), la unidad de la potencia reactiva capacitiva es el *VAC* (*volt-ampere capacitivo*) y la unidad de potencia aparente es *VA* (*volt-ampere*).

Como se ve, la potencia que la fuente debe suministrar es la potencia total aparente en VA demandada por el consumidor.

Suplir 50 A de corriente activa a factor de potencia = 0.8 significa que la fuente tiene que suministrar 50/0.6 = 62.5 A de corriente aparente, sin embargo, la tarifa se aplica solamente a la energía consumida por 50 A de corriente efectiva. Esta magnitud multiplicada por el voltaje y el tiempo de utilización es lo que registra el medidor de energía. El resto de la corriente no útil produce caída de voltaje y pérdidas en el alimentador que no son registradas por el medidor del consumidor y tiene que ser asumidas por la fuente o empresa utilitaria.

Es por esto que alagunas empresas de suministro de energía eléctrica incluyen una cláusula penalizando al consumidor en el caso de que el factor de potencia sea más bajo que el requerido en el contrato.

Escribiendo las pérdidas en función del factor de potencia tenemos

Pérdidas$_2$/Pérdidas$_1$ = $(I_W/\cos \phi_2)^2 \cdot R / (I_W/\cos \phi_1)^2 \cdot R$ (3.6)

Pérdidas$_2$/Pérdidas$_1$ = $(\cos \phi_2 / \cos \phi_1)^2$ (3.7)

Resumiendo: mientras más alto el factor de potencia, menores la pérdidas en relación cuadrática.

4. IFLUENCIA DE LOS CAPACITORES EN LA CARGA

Los capacitores estéticos son el medio más económico para inyectar corriente capacitiva en el sistema. De acuerdo a la ley de Ohm

I_C = voltaje/X_C (4.1)

Donde : X_C es la reactancia capacitiva en ohm

En la figura 3.1.1 se muestra el efecto de la introducción de la corriente capacitiva en el sistema. Vimos que la introducción de la componente I_C reduce la componente inductiva de I_{Q1} a I_{Q2}. Como resultado de esto, la corriente aparente se reduce de I_1 a I_2.

La capacidad de los condensadores en electrónica se da en Farad, microFarad, nanoFarad etc. La capacidad de los capacitores usados en el control de la potencia reactiva y la corrección del factor de potencia se da en volt-ampere capacitivo. La unidad usual en el campo de la distribución de energía es el kVA capacitivo o CkVA. La corriente capacitiva en ampere se determina mediante la siguiente expresión

I_C = CkVA/kV (4.2)

Esta expresión se usa para determinar valores monofásicos. Para determinar la corriente capacitiva empleando valore trifásicos tenemos que escribir

I_C = (CkVA/1.73)/kV (4.3)

4.1. Elevación de voltaje

La corriente capacitiva introduce una elevación de voltaje en el alimentador igual al producto de la corriente y la reactancia donde esta corriente circula. Introduciendo la corriente capacitiva podemos modificar la relación (3.1) usada para determinar la caída de voltaje

$\Delta V = R.I_1.\cos\phi + X_L.(I_1.\sin\phi - I_C)$ (4.4)

$\Delta V = R.I_1.\cos\phi + X_L.I_1.\sin\phi - X_L.I_C$ (4.5)

Basado en la relación (4.5) podemos ver que la elevación de voltaje introducido por la corriente capacitiva I_C es igual al producto de la corriente capacitiva y la reactancia del alimentador por donde circula.

Algunas veces es recomendable conectar loa capacitores a través de un reactor para incrementar la reactancia del camino donde circula la corriente capacitiva. En este caso hay que hacer un estudio previo para evitar resonancia entre el capacitor y la bobina del reactor. La figura 4.1.1 muestra el diagrama vectorial de la caída de voltaje modificado por la presencia de la corriente capacitiva.

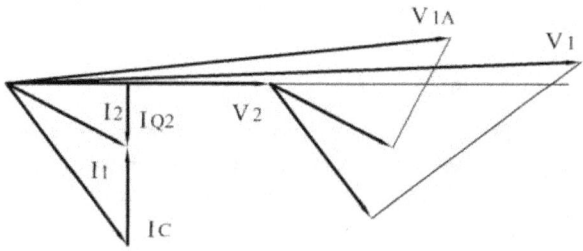

Fig. 4.1.1 Modificación de la caída de voltaje producida por corriente capacitiva I_C

Note que la presencia de la corriente capacitiva I_C hace la diferencia modular entre V_1 y V_{1a} más pequeña, aunque el ángulo entre el voltaje al final y el voltaje al principio se incrementa ligeramente.

El término $-X_L \cdot I_C$ nos lleva a una conclusión interesante. Como la elevación de voltaje producida por el capacitor es el producto de la corriente capacitiva y la reactancia, el incremento de voltaje producido por el capacitor en el alimentador es constante e independiente de la carga y está siempre presente. Por esto puede ser necesario desconectar la fuente capacitiva cuando la carga es poca y la caída de voltaje es ligera.

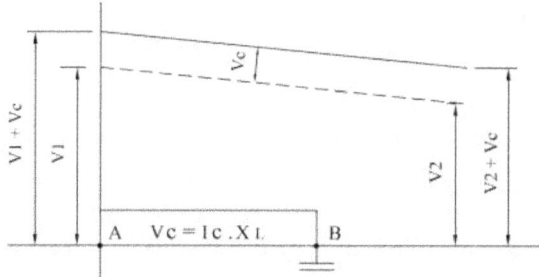

Fig 4.1.2 Elevación de voltaje en el alimentador producido por el capacitor

La figura 4.1.2 muestra el perfil de voltaje a lo largo del alimentador. La línea de puntos representa el nivel de voltaje original antes de la conexión del capacitor. La elevación de voltaje está determinada por el producto de la corriente capacitiva y la reactancia inductiva del tramo del alimentador desde donde él se encuentra conectado hasta la fuente de suministro.

Mientras más alejado se conecte el capacitor, mayor será la reactancia del tramo y mayor será la elevación de voltaje. Si la distribución de la cara es la misma, la pendiente del perfil de voltaje será la misma desde donde el capacitor se encuentra conectado hasta el final del alimentador.

4.2. Influencia el capacitor en la carga

La reducción de la corriente el alimentador produce reducción en caída de voltaje y pérdidas. La reducción de la corriente aparente libera capacidad en el alimentador que puede utilizarse para agregar carga extra con ninguna o poca inversión adicional.

La figura 4.2.1 muestra la componente activa P(kW), reactiva Q_L (kVAR) y aparente S (kVA) de la carga.

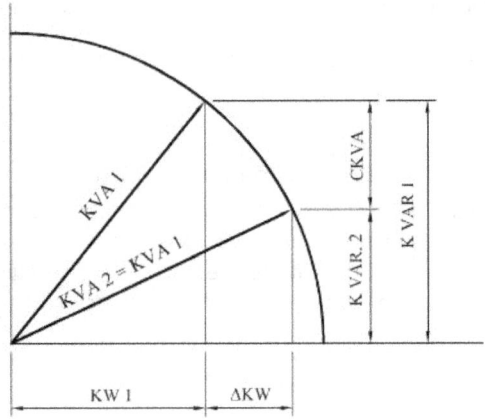

Fig 4.2.1 Adición de capacidad adicional usando capacitores

Hay necesidad de agregar carga extra representada por ΔP al mismo factor de potencia de la carga existente. En este caso resolveremos la situación agregando carga capacitiva Q_C para reducir la carga inductiva de Q_{L1} a Q_{L2}, de esta manera podemos mantener $S_1 = S_2$ y podemos disponer de capacidad extra ΔP. La carga se mantiene constante mientras el vector S se mantenga en el círculo. Vamos a escribir las relaciones en forma matemática.

$S_1 = S_2$

$(P_1 + \Delta P)/\cos\phi_2 = P_1/\cos\phi_1$ (4.5)

$\cos\phi_2 = ((P_1 + \Delta P)/P_1).\cos\phi_1$ (4.6)

$\cos\phi_2 = (1 + \Delta P/P_1).\cos\phi_1$ (4.7)

Este será el factor de potencia necesario para poder agregar ΔP de carga extra.

Mediante la instalación de capacitores no podemos lograr cualquier magnitud de capacidad extra. Observando la figura 4.2.1 vemos que la máxima capacidad que puede liberarse es cuando el factor de potencia = 1.0 (f.p. = 1/.0). Reorganizando (4.) obtenemos

4. $= (1 + \Delta P/P_1).\cos\phi_1$

$\Delta P_{max} = (1/\cos\phi_1 - 1).P_1$ (4.8)

Es empleo de capacitores para liberar capacidad debe considerarse cuando el aumento de capacidad en el transformador o el alimentador es costoso, difícil o imposible de lograr.

5. DISPOSITIVOS QUE DEMANDAN POTENCIA REACTIVA

1. Dispositivos de inducción.

Los motores de inducción, generadores, transformadores y otros dispositivos son de vital importancia para generar, distribuir y utilizar la energía eléctrica. Todos ellos funcionan el principio de interacción de líneas magnéticas con una corriente eléctrica circulando en un conductor.

El movimiento relativo perpendicular de un campo magnético y un conductor induce un voltaje en el conductor. Si uno o varios conductores en serie se cierra a través de una carga, circula una corriente eléctrica. Esta corriente está asociada a un campo magnético. Este campo magnético interacciona con el campo que lo origina y este es el principio sobre el cual se construye la teoría de la electricidad. Hablamos de movimiento *relativo* porque obtenemos el mismo efecto si movemos el conductor o conductores en el campo magnético o el campo magnético sobre el conductor. Mientras más conductores en serie (mayor número de vueltas), más intenso el campo magnético, o mayor la velocidad del movimiento relativo del conductor y el campo, mayor será la magnitud del voltaje inducido. Podemos decir que el voltaje inducido es proporcional al número de vueltas, a la intensidad del campo magnético y a la frecuencia.

Los dispositivos de inducción funcionan según este principio. En el caso de los generadores el campo magnético se origina en el rotor por medio de una bobina de corriente directa que rota cortando los conductores en el estator. En el caso del motor de inducción las líneas magnéticas se mueven alrededor del estator, cortando los conductores en el rotor. En el caso del motor de inducción, las conductores en el estator son barras en cortocircuito formando una jaula como en las que corre el animalito o la ardilla para nuestro entretenimiento. Es por esto que el rotor del motor de inducción se llama de *jaula de ardilla.*

Tanto en el motor como en el generador, los conductores se encuentran bobinados en el rotor desplazados 120^0 uno con respecto al otro. En el motor este desplazamiento cíclico del campo magnético hace el efecto de estar rotando en el estator, cortando las barras en cortocircuito del rotor. La corriente inducida en el rotor interacciona con el campo principal y se crea una fuerza que hace girar el rotor. El movimiento rotatorio del rotor del motor lleva a caracterizar el motor por su momento o *torque*.

5.1.1. Demanda de potencia reactiva en el motor de inducción.

Para mantener el rotor girando y efectuar el torque que mueve la carga el motor de inducción necesita potencia reactiva para efectuar su trabajo que consiste en mover la carga acoplada a su eje. Esta demanda está determinada en el diseño del motor de acuerdo al torque esperado.

La potencia entregada por el motor se da usualmente en *kilowatt (kW)*, también se da en *caballos de fuerza (HP)*.

La líneas magnéticas saltan del estator hacia el rotor a través del *entrehierro*, que es la abertura entre el estator y el rotor. En motores de pequeña capacidad este entrehierro es relativamente grande. Mientras mayor es el número de líneas magnéticas cerrándose a través del espacio del entrehierro, menor es el factor de potencia y mayor es la demanda de potencia reactiva. En motores de baja capacidad, como los usados en refrigeradores, secadores de cabello, pequeñas bombas de agua, etc. El factor de potencia esta entre 0.7 y 0.75. En motores de mayor capacidad está entre 0.85 y 0.9, esto es debido a que hay un menor número de líneas magnéticas cerrándose a través del aire del entrehierro.

La figura 5.1.1 muestra la demanda de potencia reactiva del motor de inducción. Al desparecer la carga, la potencia activa que el motor toma se reduce prácticamente a las perdidas en el estator y en los conductores de los enrollados, sin embargo, las potencia reactiva que el motor demanda se reduce solamente un 20-30% del valor de plena carga, pues el motor tiene que mantener su torque de diseño disponible todo el tiempo. Esto hace que el factor de potencia empeore a medida que la carga en el eje baja.

La figura 5.1.1 muestra esquemáticamente como varia la carga activa y reactiva del motor de inducción en función de la carga.

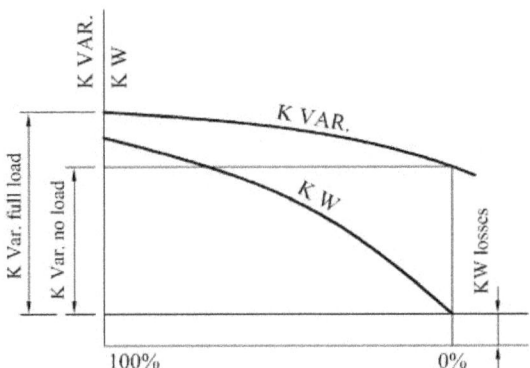

Fig 5.1.1 Variación de la demanda activa y reactiva del motor de inducción en función de la carga.

5.1.2. Demanda de potencia reactiva en los transformadores

El transformador se compone de un núcleo sobre el cual se bobinan dos enrollados, el *primario* y el *secundario*. La denominación de primario y secundario es arbitraria, cualquier enrollado puede ser primario o secundario. Generalmente se considera el primario el enrollado por el que circula la corriente de magnetización.

Con el secundario abierto, la bobina o enrollado primario toma corriente para establecer los campos magnéticos en el núcleo y cubrir las pérdidas en el transformador debido al flujo magnético variable. Estas corrientes se llaman *corrientes de remolino*. Para reducir la corriente de remolino el núcleo del transformador, así como el de los motores y generadores se fabrica con láminas de baja reluctancia, aisladas entre sí para limitar la corriente a cada placa del núcleo. Las pérdidas en el núcleo generan calor y serán aproximadamente igual al producto del cuadrado de la corriente de remolino y la resistencia de la lámina por donde circula.

El flujo magnético variable en el núcleo corta el otro enrollado e induce voltaje. El voltaje inducido será proporcional al número de vueltas. La relación entre el número de vueltas en el primario y el secundario se llama *relación de transformación* y es aproximadamente igual a la razón de voltaje primario y secundario.

La corriente en el lado primario tendrá la componente que contiene la potencia reactiva para mantener los flujos magnéticos del transformador y las pérdidas del núcleo, además de la componente de carga del consumidor. Debido a esto, el factor de potencia medido en el lado primario será más bajo que en el lado secundario. La figura 5.1.2 muestra esquemáticamente los componentes de carga del transformador.

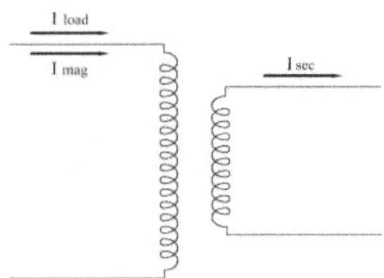

Fig 5.1.2 Diagrama esquemático de las condiciones de carga de un transformador

La corriente de magnetización del transformador se llama también *corriente de vacío*.

5.1.3. Relación entre la corriente primaria y secundaria.

La potencia demandada por el consumidor tiene que ser igual en el lado primario y secundario del transformador.

$P_{PIM} = P_{SEC}$ (5.1)

$V_{PRIM} \cdot I_{SEC} = V_{SEC} \cdot I_{SEC}$

Si escribimos

$V_{SEC} = \frac{1}{2} \cdot V_{PRIM}$

Entonces $I_{PRIM} \cdot V_{PRIM} = I_{SEC} \cdot \frac{1}{2} \cdot V_{PRIM}$

Por tanto $I_{PRIM} = \frac{1}{2} \cdot I_{SEC}$ (5.2)

Voltajes más altos están asociados a corrientes más bajas. Las corrientes primaria y secundaria están en proporción inversa al voltaje primario y secundario. Para reducir las pérdidas se transmiten grandes potencia a alto voltaje. Sin embargo, hay un límite práctico y económico para la elevación del voltaje. Voltajes más altos requieren torres más altas, aisladores más largos y mayor número de torres.

6. COMPENSACION DE LA POTENIA REACTIVA EN MOTORES DE INDUCCION

Ya vimos que bajando el nivel del voltaje aplicado al motor reduce la demanda de potencia reactiva cuando el motor no está a plena carga.

Los motores de gran capacidad tienen la de sus enrollados separados. Generalmente el arranque de este tipo de motores de gran capacidad y que toman una gran corriente de arranque se realiza en Y para reducir la corriente de arranque y luego se pasa a Δ para garantizar el torque del motor. Mediante un cambio en las conexiones puede lograrse un arranque en Δ y luego pasar a Y cuando la carga inicial baje. En el caso de planear explotar el motor a voltaje reducido debe hacerse un estudio previo para garantizar que no habrá cambio en las condiciones de trabajo que pueda requerir mayor torque en un momento determinado, pues el torque es proporcional al cuadrado del voltaje aplicado

6.1 Compensación colectiva de la potencia reactiva

El método más común en la compensación de la potencia reactiva es el uso de capacitores estáticos. Este es el método más empleado en centros industriales con gran cantidad y variedad de motores. Es importante hacer notar que la corriente capacitiva circula desde el sitio donde se encuentra conectado el capacitor hacia la fuente de suministro. Esto significa que desde donde está el capacitor hacia la carga, nada cambia, *solamente el alimentador se beneficia* con la reducción de corriente al haber menos pérdidas y menor caída de voltaje. La demanda reactiva no se altera dentro de las máquinas. Los alimentadores del consumidor se benefician con la reducción de pérdidas, la reducción de la caída de voltaje y la liberación de capacidad extra en sus instalaciones.

Si la carga esta diversificada, se conectan capacitores en uno o más centros de caga para compensar la demanda reactiva de un conjunto de dispositivos. La capacidad de los capacitores es un valor discreto y generalmente hay que conectar varios capacitores en paralelo para lograr la capacidad deseada. Hay que seleccionar la capacidad del banco de capacitores de acuerdo a las capacidades disponibles en el mercado.

La fuente de energía eléctrica debe suministrar no solo la potencia activa, sino la potencia reactiva que el consumidor demanda, sin embargo, los contadores de energía solo facturan la energía activa demandada. Por eso algunas empresas de suministro introducen un clausula en el contrato de suministro donde se penaliza al consumidor si el factor de potencia es más bajo de un factor prefijado en el contrato. Por eso el objetivo del consumidor puede ser corregir al factor de potencia al valor estipulado en el contrato, independientemente de los beneficios en caída de voltaje y pérdidas obtenidos como resultado de la instalación de los capacitores.

Para la compensación colectiva de la potencia reactiva se necesita un gráfico de la carga reactiva durante el periodo de producción. Existen instrumentos registradores que se instalan centralmente y registran la demanda reactiva y activa cada cierto intervalo de tiempo. Cuando no se poseen estos equipos puede hacerse un estimado de la carga en un alimentador cada hora utilizando los datos de chapa de los motores que están en funcionamiento en cada momento. Para este estimado pueden utilizarse los valores de corriente medidos con un amperímetro de gancho y el factor de potencia nominal de cada uno de los dispositivos funcionando en cada periodo de tiempo. Como casi ningún motor funciona a plena carga, debe tomarse un factor de potencia inferior al nominal o de chapa. Por ejemplo, si el factor de potencia nominal es 0.8, podemos estimar que el factor de potencia bajos las condiciones de carga real será 0.75. Tomando este valor, la corriente medida y el voltaje de la máquina podemos estimar la carga activa y reactiva en un momento dado. Registrando los valores de carga activa y reactiva en un gráfico podemos hacer un registro estimado de la carga cada hora. Esta estimación es válida teniendo en cuenta que la carga puede variar en magnitud y tiempo, dependiendo de las condiciones de trabajo del consumidor. La figura 6.1.1 muestra esquemáticamente el gráfico resultante del estudio de carga activa y reactiva en un consumidor hipotético.

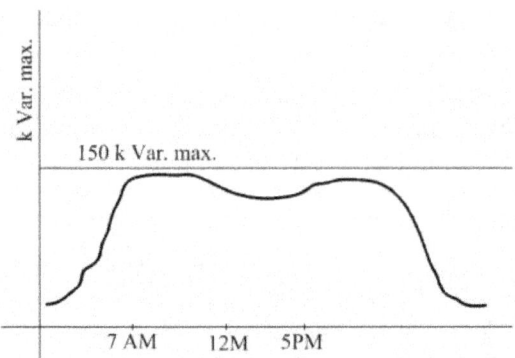

Fig 6.1.1 Grafico hipotético de carga horaria

En este gráfico hipotético podemos ver como la carga comienza a crecer alrededor de las 7AM cundo comienza el turno de trabajo. Hay un decrecimiento de la carga sobre las 12M a la hora del receso de almuerzo y hay una reducción notable después de las 4PM cuando termina el turno de trabajo. Después de las 5PM queda solamente una pequeña carga, probablemente alumbrado y algunos equipos de oficina y máquinas vendedoras. Al dia siguiente comienza el ciclo nuevamente, probablemente el grafico difiere un poco del dia anterior dependiendo de las condiciones del trabajo del dia, pero es aproximación suficiente desde el punto de vista de la ingeniería.

La carga se reduce después de finalizar el turno de trabajo, incluyendo la carga reactiva. Si los capacitores permanecen conectados, estos se convierten en una carga para el sistema, manteniendo la elevación de voltaje. Si la elevación de voltaje es sustancial, hay que desconectar los capacitores cuando termine el turno de trabajo, esto puede hacerse manual o mediante relevadores (relay) de voltaje que desconectan los capacitores cuando el voltaje se eleva a un nivel dado.

El diagrama de la figura 6.1.2 muestra un centro de carga esquemático que alimenta diferentes motores de inducción. M_1, M_2, ... M_n representan los motores de inducción conectados al alimentador. Los capacitores se conectan en el centro de carga para compensar colectivamente la carga reactiva de los motores de inducción conectados a este centro. La demanda reactiva de todos los motores individualmente es la misma, el beneficio de la instalación de los capacitores se obtiene a partir del centro de carga hacia la fuente de suministro.

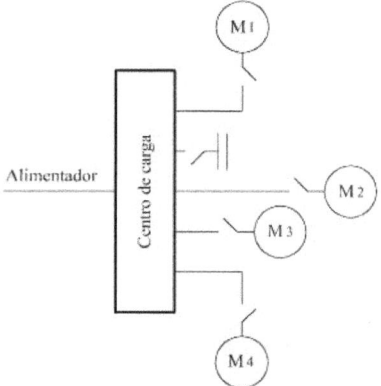

Figura 6.1.2 Compensación centralizada de un grupo de motores de inducción

6.2 Compensación individual de la potencia reactiva

La compensación individual de la carga reactiva se considera en el caso de motores de gran capacidad, conectados todo el tiempo o durante un largo periodo de tiempo. En este caso la potencia reactiva demandada por el motor es la que se toma como base para determinar los capacitores a instalar. Se recomienda tomar la potencia reactiva que el motor toma en vacío, que puede estimarse como un 75% de la potencia reactiva demandada a plena carga. Si se conecta el capacitor en los bornes del motor antes de la protección de sobrecorriente, hay ajustar la protección a la corriente reducida debido al capacitor.

La magnitud de la compensación es un factor económico. Mientras más cerca queremos llevar la compensación a factor de potencia 1.0, mayor cantidad de CkVA se requieren.

La figura 6.2.1 muestra la compensación individual de uno de los motores. Puede aplicarse compensación centralizada y colectiva en un mismo centro de carga.

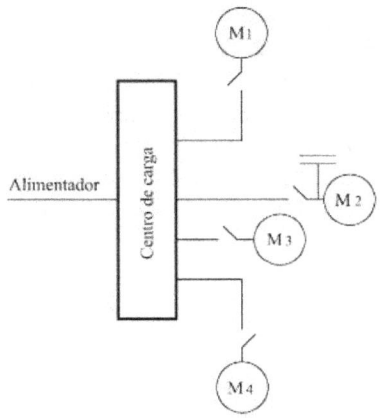

Figura 6.2.1 Compensación individual de la potencia reactiva

7. CAPACITORES EN LA RED DE ALTO VOLTAJE

7.1 Capacitores en las redes de distribución

El interés de la compañía utilitaria es dar servicio con un nivel adecuado de voltaje, confiabilidad y pocas pérdidas.

En áreas con alta concentración de carga residencial las compañías prefieren compensar la demanda reactiva en las redes aéreas de distribución como un procedimiento práctico y poco costoso. Las redes soterradas de cable están interconectadas y la distribución de la carga reactiva debe hacerse utilizando programas de computación que analizan y determinan dónde conectar los capacitores en la red soterrada. Las líneas aéreas de distribución son menos fiables, pero menos costosas y más flexibles.

La carga reactiva es más fácil de manejar que la carga activa, pues la caga activa está determinada por el consumidor, por eso se instalan capacitores en bancos en las redes de distribución de alto voltaje.

La carga doméstica no se distribuye uniformemente a lo largo del alimentador. A medida que avanzamos desde el final del alimentador hacia la subestación, más y más carga se va agregando al mismo. La figura 7.1 muestra esquemáticamente la distribución de la carga a lo largo del alimentador.

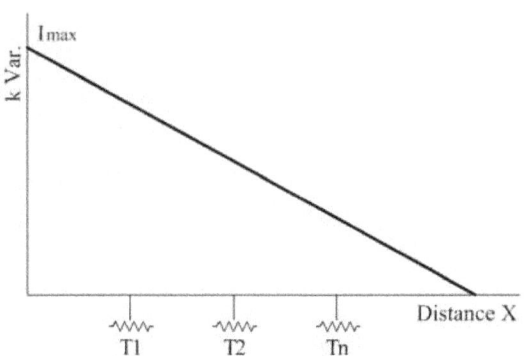

Figura 7.1 Distribución de la carga a lo largo de un alimentador aéreo

Los transformadores de distribución a lo largo del alimentador van agregando carga al mismo a lo largo del camino hacia la subestación o fuente de suministro. Como la carga activa está determinada por el consumidor, no tenemos influencia sobre esta carga, por esto supondremos que la distribución de la figura 7.1 es la distribución de la carga reactiva. La función matemática que define esta distribución es

Del tipo $I(x) = I_{QMAX} \cdot (1-X)$, donde X es la distancia desde la subestación hasta el final del alimentador, I_{QMAX} es la máxima carga reactiva en la subestación.

Si lo que necesitamos es un nivel más alto de voltaje, hay que conectar el banco de capacitores al final del alimentador para lograr un valor máximo de reactancia ($\Delta V = I_C \cdot X_L$). Generalmente el banco de capacitores se instala en algún lugar intermedio para reducir las pedidas debido a la componente reactiva, además de incrementar el nivel de voltaje. La figura 4.1.2 muestra el nivel de elevación de voltaje introducido por el banco de capacitores en el alimentador.

La figura 7.2 muestra las condiciones de la carga reactiva en el alimentador después de agregar la carga capacitiva.

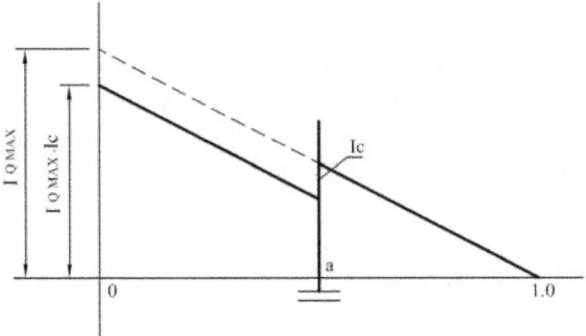

Fig 7.2 Influencia del capacitor sobre la distribución de la carga reactiva en el alimentador

Considerando la longitud total del alimentador como 1.0 las pérdidas relacionadas con la componente reactiva de la corriente se dividen en dos partes. Una parte desde el punto 0 hasta el punto "a" y otra parte desde el punto "a" hasta el punto 1.0. Las pérdidas totales después de la adición de los capacitores será la suma de ambas.

$$\text{Pérdidas} = \int_a^{1.0} [I_{QMAX}.(1-x) - I_C]^2.R.dx + \int [I_{QMAX}.(1-x)]^2.R.dx \quad (7.1)$$

7. a

Si calculamos las pérdidas por unidad debemos dividir entre la pérdida total antes de conectar el capacitor

$$\text{Pérdida total} = \int_0^{1.0} [I_{QMAX}.(1-x)]^2.R.dx \quad (7.2)$$

Dividiendo (7.1)/(7.2) obtenemos las pérdidas totales después de la conexión de los capacitores.

El desarrollo de estas integrales no está dentro del objetivo de esta discusión, así que la dejaremos al lector para un día de lluvia.

Es desarrollo de las integrales anteriores lleva a la relación

$$\text{Pérdidas por unidad} = 1 + 3.a.(I_C/I_{QMAX}).[-2 + a + (I_C/I_{QMAX})] \quad (7.3)$$

La relación (7.3) genera un grupo de curvas que muestra la pérdida total después de la instalación de los capacitores en función del punto de conexión "a" y la relación I_C/I_{QMAX} y se muestra en el gráfico de la figura 7.3.

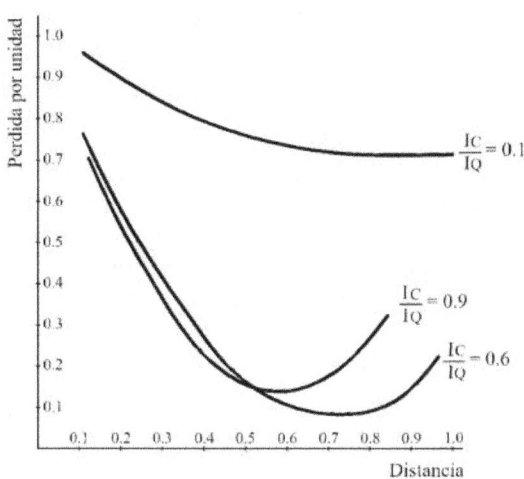

Fig 7.2 Pérdidas por unidad después de la instalación de capacitores en un alimentador

El gráfico muestra solo tres curvas en los valores extremos e intermedio de I_C/I_{QMAX}.

En este gráfico se ve que mientras menor es la capacidad del capacitor en comparación con la carga reactiva total en la alimentación para ese alimentador, menos cuenta el sitio donde se instale el banco de capacitores. En este caso conviene instalarlo hacia el final del alimentador para obtener máxima elevación de voltaje.

La relación óptima de I_C/I_{QMAX} está alrededor de 0.6 instalado a una distancia del 60% de la longitud del alimentador a partir de la subestación. Como regla fácil de memorizar diremos que la capacidad y ubicación óptima del banco de capacitores será *2/3 de la potencia reactiva total del alimentador colocado a 2/3 de la distancia del alimentador a partir de la subestación*.

Por supuesto, tenemos que tener presente que esta condición está dada para un nivel dado de carga reactiva máxima del alimentador. Generalmente se toma el valor máximo de carga reactiva durante el día porque se considera que el objetivo es lograr la reducción de pérdidas en el momento de máxima carga.

Algunos bancos de capacitores instalados en los alimentadores de distribución se controlan por medio de relevadores (relay) de voltaje para sacarlos de servicio si se da una condición de alto voltaje en el alimentador. Tanto el voltaje muy bajo, como muy alto puede dañar equipos de inducción. Si el voltaje es muy bajo, el equipo de inducción (motores) puede perder su capacidad de suministrar el torque requerido y dañarse. Si el voltaje es muy alto, la potencia reactiva demandada será alta y puede dañar el motor también, especialmente en el caso de dispositivos electrodomésticos.

7.2. Bancos de capacitores en las subestaciones

La potencia activa o reactiva fluye en cualquier dirección en una red de transmisión de energía eléctrica. Estudios hechos por programas de computación muestran el flujo de potencia reactiva en distintas condiciones de operación del sistema eléctrico. La instalación de capacitores en las redes de distribución tiene carácter local y no puede suplir las necesidades de potencia capacitiva en el sistema para modificar el flujo de potencia. Por esto se requiere instalar capacitores adicionales en algunas subestaciones que son puntos convenientes de inyección de potencia capacitiva. Estos grandes bancos de capacitores son controlados por los despachos de carga y conectan y desconectan según se necesite.

7.3 La línea de transmisión como un capacitor.

Dos conductores energizados forman un capacitor. La capacidad será mayor o menor en función del voltaje y de la proximidad del uno con el otro. El alto voltaje de la línea de transmisión y la sección transversal de los conductores convierte a la línea de transmisión en un capacitor que inyecta carga capacitiva en el sistema. Una línea de 138 kV de aproximadamente 50 millas de largo puede inyectar de 4 a 6 MVA capacitivo en el sistema contantemente. Si la línea está en servicio, la potencia capacitiva generada se hace parte del esquema de flujo de potencia en el software empleado para realizar el estudio de flujo de potencia.

7.4. Influencia de las derivaciones o taps de los transformadores en el flujo de potencia.

Tanto los transformadores de distribución, como los de las subestaciones tienen derivaciones que les permite modificar la relación de transformación y de este modo el voltaje de salida. Para modificar le relación de transformación en los transformadores de distribución generalmente hay que sacar el transformador de servicio y manipular un dispositivo que selecciona distintos puntos del enrollado, agregando o quitando vueltas para modificar la relación de transformación.

En el caso de los grandes transformadores en las subestaciones la relación de transformación se regula bajo carga con dispositivos que se manipulan a distancia. Los despachos de carga tienen la posibilidad de cambiar las derivaciones de los transformadores que enlazan dos niveles de voltaje del sistema para modificar el flujo de potencia reactiva. Si la relación de trasformación se modifica en un transformador de enlace, circulará un corriente que tendrá carácter reactivo desde el punto de más alto voltaje hacia el punto de más bajo voltaje en el enlace con el sistema. Esto permite modificar el flujo de potencia reactiva en el sistema.

7. MEDICION DE LA POTENCIA REACTIVA

La lectura de los wattímetros y medidores de energía eléctrica es proporcional al producto del voltaje y la proyección de la corriente sobre el mismo, como se muestra en la figura 8.1. En esta figura la componente proyectada será igual al producto V. I. cosφ que es la componente activa de la corriente.

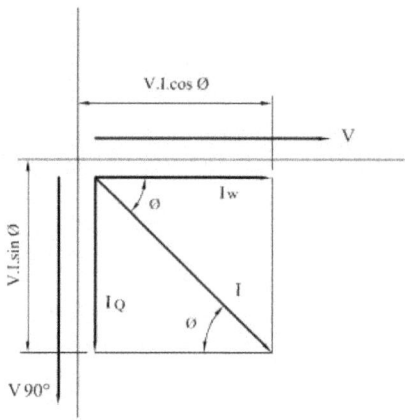

Fig 8.1 Componentes activa y reactiva de la corriente

Si desplazamos el voltaje $90°$ en atraso, como muestra la figura 8.1, la lectura será proporcional a la componente proyectada sobre el voltaje desplazado $90°$. En este caso el medidor de potencia o energía mostrará una lectura proporcional al producto V.I.senφ, que es la componente reactiva de la corriente. El medidor de potencia o energía *no hace diferencia* si la componente proyectada es activa o reactiva, siempre medirá proporcional a la componente proyectada sobre si. El medidor no sabe si es potencia o energía activa o reactiva lo que está registrando.

Si usamos medidores de energía para registrar energía activa o reactiva obtendremos la demanda promedio en el periodo de lectura. En realidad no podemos hablar de *energía reactiva* porque el concepto de energía implica trabajo útil realizado en un periodo de tiempo y la potencia reactiva, como hemos visto, no está asociada a la realización de trabajo, solo a mantener los campos magnéticos de los dispositivos de inducción.

Fig 8.1 muestra que dividiendo la potencia reactiva entre la activa, obtenemos la tangente del ángulo. Si las lecturas están relacionadas a energía, entonces obtendremos la tangente promedio del ángulo en perido de lectura.

El valor del coseno puede hallarse en tablas de funciones trigonométrica o puede computarse en base a las relaciones trigonométricas.

$\tan \varphi = \text{var/watt} = \text{varhour/watthour}$ (8.1)

$\cos^2 \varphi = 1/(1 + \tan^2 \varphi)$ (8.2)

$\cos^2 \varphi = 1/[1 + (\text{kVAR/kW})^2]$ (8.3)

$\cos \varphi = \sqrt{1/[1 + (\text{kVAR/kW})^2]}$ (8.4)

Observe que para medir potencia reactiva el voltaje debe ser desplazado 90^0 en atraso, pero el valor modular debe ser el mismo. Cómo podemos obtener el desplazamiento a 90^0 en la práctica?

En la figura 8.2 vemos que al tomar el voltaje V_{BC} con la corriente de la fase A, la componente proyectada será proporcional a la componente reactiva.

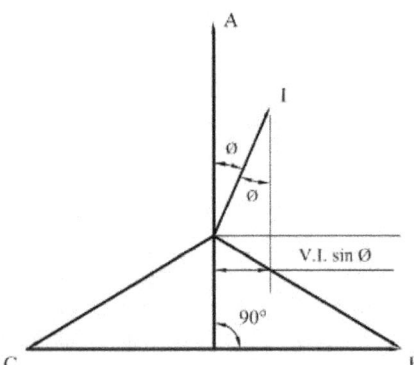

Fig 8.2 Utilización del voltaje de línea V_{BC} y la corriente de la fase A para medir potencia rectiva.

V.I.sen φ. El voltaje de línea V_{BC} es 1.73 veces mayor que el voltaje de fase V_{AN} por lo tanto hay que introducir un factor de lectura 1/1.73 o rebobinar la bobina de voltaje del instrumento para obtener un flujo magnético proporcional al voltaje de fase V .

En caso de carga industrial balanceada puede medirse la potencia reactiva de una de las fases y multiplicar por 3 la lectura para estimar la potencia reactiva trifásica.

La posición del voltaje puede ser alterada conectando una resistencia en serie con la bobina de voltaje, como muestra la figura 8.3.

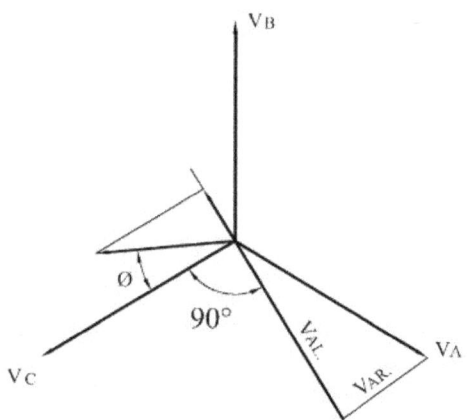

Fig 8.3 Desplazamiento del voltaje a 90° empleando una resistencia en serie con la bobina de voltaje.

El voltaje V_{ar} es la componente de voltaje sobre la resistencia, el voltaje V_{al} es la componente de voltaje sobre la bobina del instrumento.

En este caso podemos utilizar la corriente de la fase C para tener la referencia a 90° con el voltaje V_{al}. El voltaje obtenido de esa forma será menor que el voltaje de fase V_A, por lo que en este caso también tenemos que aplicar un factor o rebobinar la bobina de voltaje para logar un flujo magnético proporcional al asociado originalmente al voltaje V_A. El mismo procedimiento puede aplicarse a las otras fases o multiplicar por 3 la lectura reactiva de una fase.de una fase .

Algunas veces se emplean *transformadores desfasadores* para lograr el desplazamiento de 90° del vector voltaje.

La figura 8.4 muestra un juego de transformadores desfasadores en un sistema delta de medición con un instrumento de dos elementos.

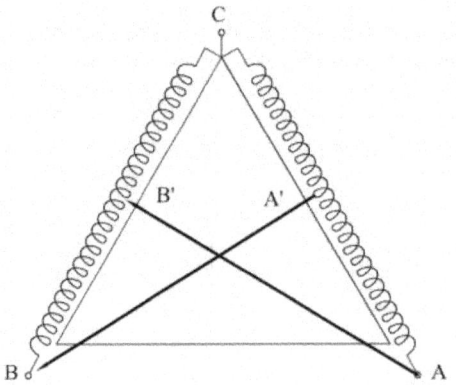

Fig 8.4 Desplazamiento del voltaje a 90^0 mediante transformadores desfasadores.

La figura 8.4 muestra como los transformadores desfasadors desplazan los voltajes a 90^0. En todos los casos en que se mide potencia o energía, activa o reactiva, debe observarse la polaridad de las bobinas de voltaje y de corriente para obtener la lectura correcta. En este caso debe existir la posibilidad de separar las conexiones de cada bobina. En los diagramas vectoriales de todos los sistemas, la punta de la flecha de los vectores indica la polaridad en que deben conectarse las bobinas. A veces los vectores usados para analizar el sistema de medición no concuerdan con los vectores del sistema energético.

Para probar que este esquema mide potencia reactiva utilizamos el diagrama de la figura 8.5.

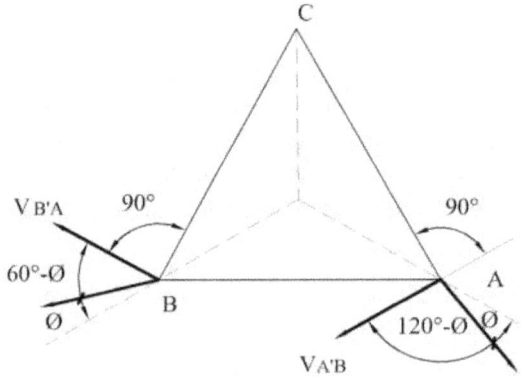

Fig 8.5 Relaciones vectoriales en una conexión en triángulo al leer potencia reactiva

Para la fase C: $V.I.\cos(60° - \varphi)$

Para la fase B: $V.I.\cos(120° - \varphi)$

La potencia total debe ser la suma de las lecturas en las dos fases

$P = V.I.\cos 60°.\cos\varphi + V.I.\sin 60°.\sin\varphi$

$+ V.I.\cos 120°.\cos\varphi + V.I.\sin 120°.\sin\varphi$ (8.5)

$\cos 120° = -\cos 60°$

$\sin 120° = \sin 60°$

$P = V.I.(\cos 60°.\cos\varphi + \sin 60°.\sin\varphi) + V.I.(-\cos 60°.\cos\varphi + \sin 60°.\sin\varphi)$

$P = 2.V.I.\sin 60°.\sin\varphi$

$P = 2.V.I.(1.73)/2.\sin\varphi$

$P = (1.73).V.I.\sin\varphi$

Cualquier método que se use, hay que tener en cuenta que atrasando el voltaje 90° con respecto al voltaje original se crean las condiciones para registrar potencia reactiva empleando medidores de potencia o energía activa, empleando factores o rebobinado las bobinas de los instrumentos.

www.ingramcontent.com/pod-product-compliance
Lightning Source LLC
Chambersburg PA
CBHW070725180526
45167CB00004B/1625